# 原來悲傷是這樣

## 想讓難過消失該怎麼辦？

神奇的情緒工廠 ④

**段張取藝** 著・繪

【神奇的情緒工廠 4】

# 原來悲傷是這樣：想讓難過消失該怎麼辦？

| | | |
|---|---|---|
| 作　　　者 | 段張取藝 | |
| 繪　　　者 | 段張取藝 | |
| 特 約 編 輯 | 劉握瑜 | |
| 美 術 設 計 | 呂德芬 | |
| 內 頁 構 成 | 簡至成 | |
| 行 銷 企 劃 | 劉旂佑 | |
| 行 銷 統 籌 | 駱漢琦 | |
| 業 務 發 行 | 邱紹溢 | |
| 營 運 顧 問 | 郭其彬 | |
| 童 書 顧 問 | 張文婷 | |
| 第四編輯室<br>副 總 編 輯 | 張貝雯 | |
| 出　　　版 | 小漫遊文化／漫遊者文化事業股份有限公司 | |
| 地　　　址 | 台北市103大同區重慶北路二段88號2樓之6 | |
| 電　　　話 | (02) 2715-2022 | |
| 傳　　　真 | (02) 2715-2021 | |
| 服 務 信 箱 | runningkids@azothbooks.com | |
| 網 路 書 店 | www.azothbooks.com | |
| 臉　　　書 | www.facebook.com/azothbooks.read | |
| 服 務 平 台 | 大雁文化事業股份有限公司 | |
| 地　　　址 | 新北市231新店區北新路三段207-3號5樓 | |
| 書 店 經 銷 | 聯寶國際文化事業有限公司 | |
| 電　　　話 | (02)2695-4083 | |
| 傳　　　真 | (02)2695-4087 | |
| 初 版 一 刷 | 2023年11月 | |
| 定　　　價 | 台幣350元 | |

ISBN　978-626-97945-2-2（精裝）

有著作權‧侵害必究

本書如有缺頁、破損、裝訂錯誤，請寄回本公司更換。

本作品中文繁體版通過成都天鳶文化傳播有限公司代理，經電子工業出版社有限公司授予漫遊者文化事業股份有限公司獨家出版發行，非經書面同意，不得以任何形式，任意重製轉載。

國家圖書館出版品預行編目 (CIP) 資料

原來悲傷是這樣：想讓難過消失該怎麼辦? / 段張取藝
著. 繪. -- 初版. -- 臺北市：小漫遊文化, 漫遊者文化事業
股份有限公司, 2023.11
　面；　公分. -- ( 神奇的情緒工廠；4)
ISBN 978-626-97945-2-2( 精裝)
1.CST: 育兒 2.CST: 情緒教育 3.CST: 繪本
428.8　　　　　　　　　　　　　　　112017480

**漫遊，一種新的路上觀察學**
www.azothbooks.com
 漫遊者文化

**大人的素養課，通往自由學習之路**
www.ontheroad.today
 遍路文化‧線上課程

我等了好久才拿到的冰淇淋，

就這樣掉到地上了⋯⋯

嗚嗚嗚⋯⋯

嗚嗚⋯⋯

嗚嗚嗚⋯⋯

# 好悲傷啊……

悲傷是什麼呢？

我們有好多詞可以用來形容悲傷：傷心、難受、悲痛……

大人總覺得小孩子不會悲傷，也不懂悲傷。但其實每一件大人眼中的小事，對小孩子來說，都大得不得了。

最喜歡的機器人壞掉了。

穿著新鞋卻不小心踩到水坑。

氣球的線斷了，追不回來。

期待的足球比賽因為下雨而取消了。

做勞作時，發現我最喜歡的小剪刀不見了。

同學們都成功的做出了小風車，我卻怎麼做也做不好。

我是不是很笨……

用心寫了很久的作文，卻沒有得到好成績。

想找人傾訴，但好朋友生病了沒有來學校。

跌倒膝蓋不小心撞到臺階，好痛啊……

放學時，老師跟別的同學說再見，卻忘了跟我說。

在學校門口等了很久，都沒有人來接我回家。

有一隻流浪貓髒兮兮的蹲在雨裡，看起來跟我一樣可憐。

喵～

爸爸媽媽是不是不要我了呀……

悲傷的時候，彷彿全世界都變成了灰色的，讓人感到失落又無助……

# 洩了氣的身體

傷心時，我們不想說話，不想吃東西，什麼都不想做，
身體好像停止了運轉。

**語言系統**

不願意說話，甚
至只想一直保持
沉默。

**臉部表情**

眉心微皺，眉毛下壓，
嘴角往下垂。

**心血管系統**

心跳速度會變慢。

**肢體反應**

全身肌肉鬆弛，
感覺沒什麼力氣，
還常常會低著頭。

**消化系統**

胃蠕動變慢，食慾
減退，不想吃東西。

我們悲傷得像洩了氣的皮球，如果說還有想做的事，那大概就是哭泣了。

抽泣

痛哭

**哭泣行為**

不停的流眼淚，呼吸節奏變得混亂。

嚎啕大哭

# 悲傷製造所

我們的身體在遇到各種狀況時，大腦中的相關「部門」會互相傳遞訊號，討論應對措施，悲傷的情緒也是經過這個複雜的過程，才被大腦製造出來的。

**❶視丘**：把感覺、運動資訊集中起來並進行處理。

**❺中腦導水管旁灰質**：導水管周圍有一群複雜的神經元，可以控制哭泣。

# 都是為了生存

人類的遠古祖先在生存戰爭中，身體會因為受到各種損傷而產生痛覺，進而引發痛苦和悲傷的情緒，而這些情緒最初是用來救命的。

啊！好痛！

## 出現痛覺

當身體受到負面刺激時，會產生疼痛感，感到疼痛後才能知道自己的身體受到了損傷。

嗚嗚嗚……

怎麼辦？

## 感到痛苦

身體受到持續且強烈的負面刺激時會出現痛苦的感受。此時體內的「皮質醇」分泌會增加，使壓力感增強，來督促人類祖先修復身體的損傷。

### 演化成悲傷

當痛苦的狀態無法被消除時，就會演化成悲傷。悲傷時，身體為了不讓損傷擴大，會進入一種低能量消耗狀態。

難過的時候，我們可以放心大膽的哭！

### 悲傷時的哭泣行為

哭泣可以促進體內分泌血清素來穩定情緒、減輕悲傷，幫助身體進行自我調節。同時，呻吟、哭泣等行為可以讓其他人知道自己需要幫助。

# 悲傷的心理原因

現在的我們，在乎的不止身體，還有我們認為重要的事物。

不管是失去還是得不到，我們都會感到傷心。

## 失去

失去自己認為很重要
的人或物品，越重要
就會越傷心。

最喜歡的手錶不見了。

離開很喜歡的地方。

最喜歡的小動物生病了。

感情很好的同學轉學了。

如果每天陪我
睡覺的娃娃不見
了，就算再買一個一
模一樣的，也不是原
來的那個了。

## 得不到

認為是自己的原因導致沒有得到想要的東西，或者沒有達到期望的目標。

如果努力了很久還是沒做到，那會更難過的。

沒有得到老師的誇獎。

畫畫比賽沒有獲得名次。

沒有買到限量版的玩具。

被爸爸媽媽忽視。

### 怪誰很重要

同樣是沒有達到期望的目標，如果我們沒有別人可以責備，會更容易感到悲傷；如果可以找到責備的對象，則更多的是感覺生氣。

# 光照少會引發悲傷

我們的情緒不僅會被遇到的事物影響，還跟自然環境變化有關係，其中，太陽的光照就會影響我們悲傷的程度。

### 光照和血清素

身體內的血清素會受光照影響，光照減弱，血清素分泌量也會跟著降低，情緒會因此發生明顯的波動，更容易感覺悲傷、消沉、低落。

太陽光照
時間較短的秋冬季

太陽公公什麼時候
出來呀……

好冷喔，樹葉
都枯萎了……

秋天和冬天，
遇到出太陽的天
氣，一定要記得出
門晒太陽！

春睏秋乏也是因為光照

我們大腦中的「松果體」對光照十分敏感，光線暗時，它會分泌褪黑激素，可以催眠、促使身體放鬆。秋冬和早春光照時間短，褪黑激素分泌增多，人就會沒精神，更容易犯睏。

# 性別不影響悲傷

雖然每個人都會遇到各種傷心的事情，但很多人會認為，男生天生就比女生堅強，不會像女生一樣容易悲傷，但這並不是真的。

## 男生和女生都愛哭

在 13 歲之前，男生和女生流淚的總量是差不多的。

## 男生和女生都會傷心

研究顯示，遇到同樣的事情，男生和女生情緒的生理體驗並沒有明顯差異，也就是說，悲傷的感受是差不多的。

大家感覺男孩不會像女孩一樣容易傷心，是有別的原因的。

我感覺不太好。

## 情緒表達有差異

女生大腦中負責語言的區域更大，語言表達能力更強，能更具體描述出自己的情緒感受。

我感覺很生氣，又有點傷心，明明不是我的錯。

## 文化要求有不同

大部分地方的文化允許女生用哭泣來表達情緒，卻不允許男生哭，導致男生習慣壓抑自己的悲傷。所以，雖然男生和女生的情緒感受差不多，但外在表現通常不一樣。

其實大家都會傷心，不是不哭就不傷心。

# 悲傷對身心危害大

悲傷是所有情緒中唯一一個會造成身體能量流失的情緒。雖然它是大家都有的正常情緒，但總是太悲傷，不僅會影響情緒、性格，甚至還會對身體造成直接損害。

## 習慣性悲傷

如果我們每一次遇到讓自己傷心的事情時，都無法有效解決，我們就可能覺得事情總會往不好的方向發展，進而形成更容易悲傷的性格。

生病的時候沒有人照顧自己。

鋼琴比賽沒有得名。

回家功課錯了一半，不知道該怎麼訂正。

拼圖怎麼都拼不對。

習慣了傷心的話，即使眼前發生開心的事，我們可能也看不到。

## 影響食慾

過度悲傷時，人對飢餓的感知
力會下降，導致食慾不振。飲
食習慣不正常的話，容易引發
腸胃疾病。

傷心時身體
會不舒服，不舒
服則會更傷心。

## 危害心臟

極度悲傷有可能會引發心臟
衰竭。一個突然發生的巨大打
擊，可能會讓一個健康的人
產生嚴重的心律失常，甚至休
克。

## 免疫力降低

悲傷、焦慮等負面情緒會抑
制人體免疫細胞的活性，使
人的免疫力降低。免疫力不
足時就容易生病。

## 小心白髮

進入青春期後，過度的憂思、悲傷、精神壓力等，
可能會影響人體黑色素的合成，頭髮可能會變白，
有些人甚至會大量掉髮。

# 悲傷消失術

很多時候，我們無法阻止令人悲傷的事情發生，但好在還有一些方法，可以讓我們的心情變得好起來。

**激素調節法**
增加血清素、腦內啡、多巴胺等有助於心情愉悅的激素分泌。

讓自己哭出來，人在流淚時會分泌血清素來穩定情緒。

適量運動，可以促進大腦分泌各種有助於調節情緒的激素。

晒太陽，促進血清素分泌。

## 提升感官愉悅

皮膚、耳朵、眼睛……對各個感官的正面刺激都可以提升愉悅感，能夠有效抵消痛苦，減輕悲傷的感覺。

穿柔軟的衣服，摸一摸小動物或抱抱絨毛玩偶。

聽輕快、舒緩的音樂。

看一看漂亮的風景。

好好睡一覺。

求助他人
當我們無法自己排
解悲傷時,可以找
身邊的人求助。

我需要被傾聽,請聽
我說一說傷心的事。

我需要被安慰,請
說一些鼓勵我的話。

我需要抱抱,溫暖的
懷抱會給我安全感。

我需要陪伴，陪在我
身邊就可以了。

我需要幫助，幫我處
理我解決不了的問題。

求助不是什麼
丟臉的事情，很多時
候，反而能得到需要
的幫助。

25

## 改變想法

看待問題的角度不同，情緒感受也會不一樣。試著改變一下自己的想法，可能就不會那麼傷心了。

降低期望標準：適當的降低標準，將重點放在自己已經做到的事情。

雖然沒有拿到高分，可是老師畫了一個小愛心給我。

雖然投不準，可是我運球運得很好。

雖然沒在運動會上拿到名次，可是表現比去年好多了。

提前消化悲傷：提前就知道不好的事情會發生，可以用更長的時間去消化悲傷。

一直知道畢業就見不到喜歡的老師了，雖然很傷心，可是也漸漸能接受了。

上個月就知道好朋友要搬家，到了分別那天，也沒有那麼難過了。

運用想像力：想像我們失去的東西正在經歷快樂的事情。

我的小金魚死掉了，它可能去了一個很美麗的湖裡，正在快樂的游泳呢！

我的玩具熊不見了，它可能正在別的地方經歷冒險呢！

## 悲傷小故事

關於「悲傷」，
歷史上有很多小故事。

### 為知音而悲

春秋時期，晉國的伯牙擅長彈琴，
他的好友鐘子期擅長聽琴，兩人互
為知音。後來鐘子期病逝，伯牙悲
痛的摔毀了自己的琴，認為世界上
再也沒有人能聽懂他的琴聲了。

### 為門生而悲

孔子的弟子顏回學問好，有德
行，是孔子最喜歡的學生。他
去世的時候，孔子傷心欲絕，
哀嘆道：「天喪予！天喪予！」

### 為亡妻而悲

莊子是戰國時期的思想家，他的妻
子去世時，他沒有大哭，反而在妻
子的葬禮上敲著盆唱歌。悲傷其實
不止哭泣一種表達方式。

## 為國家命運而悲

古代士人們往往不會只關注自身，而是把國家的興亡也當作自己責任的一部分，「黍離之悲」就是形容對國家衰亡的哀嘆。詩聖杜甫就留下了很多憂國憂民的詩篇。

## 為人生而悲

南宋詞人辛棄疾一生顛沛流離，晚年寫下一首《書博山道中壁》，當經歷過人生的悲苦之後，反而不會再訴說自己的悲傷了。

## 悲傷的文化

### 悲劇的山羊

「古希臘悲劇」被認為源於酒神的祭祀儀式，而祭祀常常用到山羊，所以悲劇又叫「山羊之歌」。

### 悲傷之牆

俄羅斯有一面「悲傷之牆」，是為了紀念歷史事件中的受害者們，也提醒大家不要再發生那樣的悲劇了。

### 哭泣的牆

耶路撒冷有一面「哭牆」，猶太人會在這面牆邊祈禱、默哀和哭訴，並把想說的話寫在紙條上塞入牆縫裡。平時這面牆最主要的維護工作就是清理牆縫裡的紙條。

## 沒有光的悲傷

北歐等高緯度地區因為平均日照時間比較短，日照強度比較低，所以當地人更容易陷入悲傷的情緒中，這裡的憂鬱症患病率也明顯高於其他地區。

## 悲傷的旗幟

降半旗是國家表示哀悼的行為，起源於英國的航海業。如果發生海難，船就會下降旗幟哀悼死去的船員，後來這種哀悼方式被逐漸推行到世界各地。

## 不悲傷的喪禮

在大部分文化裡，喪禮應該是一個悲傷的場合，但是在迦納等地，死亡意味著在一個新的世界重生，所以他們的葬禮往往十分歡樂。

動物會像人一樣悲傷嗎？

## 虎鯨的千里送葬

虎鯨是一種智商較高的生物，牠們會為失去同伴而感到悲傷，尤其是當母親失去孩子時。

太平洋上，曾經有一隻虎鯨媽媽生下了一隻小虎鯨，可是小虎鯨出生半小時後就去世了。

虎鯨媽媽不願意放棄自己的孩子，當虎鯨族群遷移時，虎鯨媽媽便一直把小虎鯨頂在頭上，帶著牠一起「旅行」。

儘管小虎鯨一次次的從媽媽的頭頂滑落，但每次虎鯨媽媽都會把小虎鯨重新頂出海面。

這個行為持續了 17 天，牠們遊了 1600 公里！這是一場跨越千里的送葬！

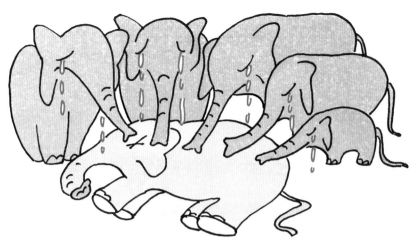

## 大象的哀悼

越聰明的動物感情越豐富，比如體型龐大的大象。如果大象的同伴死亡，牠們會在旁邊守護，用鼻子觸摸同伴的遺體進行哀悼。

大象甚至會「掃墓」，即使同伴的遺體已經化為白骨，牠們依然會回到白骨旁為其哀悼。

## 忠犬八公的等候

寵物也會因為失去主人而悲傷。日本有一隻叫八公的秋田犬，每天都會在車站迎接主人下班。

可是有一天，牠的主人在上班時突發疾病離世了，但八公依然每天都會去車站等候主人，希望可以再次接主人下班回家。

這一等就是九年，直到八公也離開了人世。

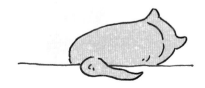

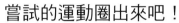

# 小遊戲

悲傷的時候可以試試做這些運動來舒緩心情，把你想要嘗試的運動圈出來吧！

跑步

跳繩

打棒球

打羽毛球

打籃球

打排球

悲傷時也可以看看風景來讓心情變好，你喜歡哪些風景呢？在圓圈裡打勾吧！

去海邊

看瀑布

逛動物園

去賞花

如果你在悲傷時需要尋求幫助，你會想要找誰呢？

媽媽　　　　爸爸　　　　奶奶　　　　爺爺

哥哥　　　　姊姊　　　　老師　　　　好朋友

為什麼想找他們幫助你呢？試著寫下你的理由吧。

# 【神奇的情緒工廠】（全6冊）

為什麼情緒一上來，身體跟心裡都變得好奇怪？
情緒的十萬個為什麼，讓大腦來告訴你！

★科學角度完整介紹6大基本情緒，兒童成長必備的心理百科
★20個實用情緒管理小技巧×98則中外趣味小故事
★〔套書特別加贈〕：《情緒百寶箱》遊戲小冊，
　涵蓋四大主題的的14個紙上活動，幫助孩子練習辨認與調節情緒

## 原來生氣是這樣：

生氣到要爆炸怎麼辦？

有好多事情，一想到就氣得不得了！
每個人都有生氣的時候，
甚至可能會抓狂暴怒。
其實，生氣是人類保護自己的本能反應，
不過，如果經常大發脾氣，
對身體、認知和人際關係都會造成傷害，
一起來看看該如何消滅
身體裡的壞脾氣怪獸吧。

## 原來害怕是這樣：

害怕到發抖該怎麼辦？

有好多東西，一想到就害怕得不得了
害怕是每個人都會有的情緒
每個人害怕的東西都不同，
有時候害怕可以幫助我們遠離危險，
但是如果只會逃避，問題會一直存在，
甚至留下心理陰影！
有一些很棒的方法可以戰勝害怕，
一起來看看吧！

## 原來快樂是這樣：

不能夠一直開心嗎？

開心的事情真的好多好多，多到數都數不完！
當我們感到快樂的時候，身體會充滿能量，
大腦也會給予「獎勵」，帶給我們快樂的感受。
除此之外，
快樂也是治癒壞情緒的良藥，
一起來學習如何常常保持愉快的心情，
對身體健康及人際關係都很有幫助喔。

## 原來悲傷是這樣：

想讓難過消失該怎麼辦？

悲傷的時候，世界彷彿都變成了灰色……
悲傷是唯一一種會造成身體能量流失的情緒，
雖然我們無法阻止令人悲傷的事情發生，
但有一些方法可以緩解難過的情緒，
讓我們的心情變得好起來。
難過的時候，
試試看這些「悲傷消失術」吧。

## 原來討厭是這樣：

遇上討厭的事物只能躲開嗎？

世界上為什麼有那麼多討厭的東西呢
一旦我們碰到自己討厭的東西
不只情緒會產生強烈的抗拒反應
就連身體也會覺得很不舒服。
該怎麼克服討厭的感覺，
是一門需要努力學習的大學問呢！

## 原來驚奇是這樣：

遇上沒想到的事情只能嚇一跳嗎？

原來世界上有那麼多讓人驚奇不已的事情！
從遠古時代開始，
「驚奇」就存在人類的身體裡，
專門用來應對各種意想不到的突發情況。
當意料之外的事情發生時，
驚奇就會立刻現身！
學習時刻保持對世界的新鮮感，
生活就會處處是驚奇唷！